Valentin Mdzinarishvili

# Optimalidade da evolução do universo, o modelo do Big Bang

Valentin Mdzinarishvili

# Optimalidade da evolução do universo, o modelo do Big Bang

ScienciaScripts

**Imprint**
Any brand names and product names mentioned in this book are subject to trademark, brand or patent protection and are trademarks or registered trademarks of their respective holders. The use of brand names, product names, common names, trade names, product descriptions etc. even without a particular marking in this work is in no way to be construed to mean that such names may be regarded as unrestricted in respect of trademark and brand protection legislation and could thus be used by anyone.

Cover image: www.ingimage.com

This book is a translation from the original published under ISBN 978-620-7-84344-2.

Publisher:
Sciencia Scripts
is a trademark of
Dodo Books Indian Ocean Ltd. and OmniScriptum S.R.L publishing group

120 High Road, East Finchley, London, N2 9ED, United Kingdom
Str. Armeneasca 28/1, office 1, Chisinau MD-2012, Republic of Moldova, Europe
Printed at: see last page
**ISBN: 978-620-7-93775-2**

V. V. Mdzinarishvili

# OPTIMIZAÇÃO DA EVOLUÇÃO DO UNIVERSO, O MODELO DO BIG BANG

## Índice

**Introdução**

O universo está atualmente em expansão. Esta circunstância explica a dispersão de partículas - as galáxias. Este processo é modelado por uma esfera imaginária em expansão, na superfície da qual se encontram partículas de galáxias envoltas em matéria negra. A matéria negra são nuvens e nebulosas formadas por uma miríade de aglomerados de electrões constituídos por um grande número de electrões [1]. A matéria negra transforma uma esfera imaginária em expansão numa formação carregada negativamente. Após o Big Bang, esta formação está localizada numa pseudoesfera imaginária gigante - a bobina de Minding [2]. De acordo com a lei de Coulomb, sofre uma força repulsiva de todos os lados da pseudoesfera.

O Universo é caracterizado por duas características: 1) a comunalidade da matéria do microcosmo físico e do cosmos; 2) a dissipação[1] da matéria, ou seja, a irreversibilidade dos processos que ocorrem no Universo e no microcosmo físico. Consideremos estes sinais separadamente. 1) O número total de partículas elementares conhecidas (incluindo as antipartículas) aproxima-se dos quatrocentos. Todas estas partículas encontram-se tanto no Universo como no planeta Terra. O exemplo mais marcante que caracteriza a comunidade de matéria encontrada no Universo e as partículas elementares encontradas na Terra é o eletrão. Um conjunto de um grande número de electrões forma um aglomerado de electrões. A matéria escura é formada por um número incontável de aglomerados na forma de nuvens

[1] Dissipatividade de uma função significa que a segunda derivada em relação ao argumento da função muda o sinal da função para o oposto.

e nebulosas que envolvem as galáxias [1]. O processo de formação de electrões a partir de núcleos atómicos não é claro. E. Fermi sugeriu que <<electrões e neutrinos não existem numa forma acabada no núcleo atómico antes da sua partida, mas são de alguma forma formados instantaneamente a partir da energia armazenada no núcleo radioativo>>. Assim, o eletrão é uma partícula elementar típica que se encontra tanto na Terra como no espaço exterior. 2) A sujeição à dissipação da matéria, tanto no universo como no microcosmo físico, é caracterizada por uma função dissipativa - a tangente hiperbólica$\left(\text{th}(x)\right)$. A derivada da tangente hiperbólica é um solitão (onda solitária), ou seja, uma secante hiperbólica ao quadrado:

$$\frac{d\text{th}(x)}{dx} = \text{seeth}^2(x).$$

Desta expressão resulta que a função dissipativa $\text{th}(x)$ é igual à função

$$\text{th}(x) = \int_{-\infty}^{\infty} \text{seeth}^2(x)\,dx.$$

O Universo é caracterizado pela optimalidade da evolução. A optimalidade da evolução tem em conta as duas características: 1) e 2).

É de notar que todas as leis de otimização estão interligadas. Assim, a equação de Hamilton, que é equivalente à equação de Euler-Lagrange, depende da equação de Liouville. A equação de Euler-Lagrange pode ser derivada do princípio variacional ou por comparação com as leis do movimento de Newton. A equação de Nelson, que é a equação básica da mecânica estocástica, é obtida por generalização estocástica da equação de

Newton. A partir da equação de Nelson, como um caso especial, a equação de Burgers pode ser obtida. A partir das equações naturais da curva, ou seja, das equações de Serret-Frenet, obtém-se a equação de Riccati [3]. A solução da equação discreta de Riccati gera um movimento caótico. O movimento caótico na resolução da equação de Riccati foi obtido em [4] através da utilização de uma grande quantidade de informação estatística, embora esta abordagem à resolução da equação de Riccati discreta não seja rigorosa [5]. Se as propriedades da equação de Riccati [3] fossem usadas, então a utilização de uma grande quantidade de informação estatística para provar a existência de movimento caótico poderia ser evitada [6].

A equação de Euler-Lagrange é invariante em relação ao sistema de coordenadas no qual o problema a ser optimizado está escrito. Por isso, esta equação é mais utilizada na resolução de problemas de otimização.

Alguns dados sobre problemas de otimização de Euler-Lagrange e Hamilton.

De acordo com este princípio, sob a ação de forças conservativas, qualquer sistema dinâmico move-se de forma a minimizar o valor médio temporal da diferença entre as energias cinética e potencial, ou seja

$$\delta\int_{t_1}^{t_2}(T-V)dt=0 \qquad (0,1\ )^*$$

ou tendo em conta a equação (0.1$^*$ ), podemos escrever

$$\int_{t_1}^{t_2}\delta L dt=0, \qquad (0,2\ )^*$$

onde $T(q,p)$ - energia cinética, $V(q)$ - energia potencial, $L(q,p)$ - função de Lagrange, $q$ = coordenada generalizada, $p=\dot{q}$ impulso generalizado.

A variação da função de Lagrange no integrando (0,2* ) é

$$\int_{t_1}^{t_2}\delta L dt=\int_{t_1}^{t_2}\frac{\partial L}{\partial p}\delta p dt+\int_{t_1}^{t_2}\frac{\partial L}{\partial q}\delta q dt=\int_{t_1}^{t_2}\frac{\partial L}{\partial q}\delta q dt+\frac{\partial L}{\partial p}\delta q\bigg|_{t_2}^{t_1}-\int_{t_1}^{t_2}\frac{d}{dt}\left(\frac{\partial L}{\partial p}\right)\delta q dt=$$

$$=\int_{t_1}^{t_2}\left[\frac{\partial L}{\partial q}-\frac{d}{dt}\left(\frac{\partial L}{\partial p}\right)\right]\delta q dt=0.$$

Na última expressão, assume-se que $\delta q=0$ para $t_1=t$ e $t_2=t.$

Como o número de coordenadas generalizadas $q$ é igual ao número de graus de liberdade e como $\delta q$ não depende do tempo, esta última igualdade é satisfeita se a expressão entre parêntesis rectos for igual a zero, ou seja

$$0=\frac{d}{dt}\frac{\partial L}{\partial \dot{q}}-\frac{\partial L}{\partial q}\equiv\frac{dp}{dt}+\frac{\partial H}{\partial q}=0\Rightarrow\dot{p}=-\frac{\partial H}{\partial q}, \qquad (0.1)$$

$$0=\frac{d}{dt}\frac{\partial L}{\partial \dot{p}}-\frac{\partial L}{\partial p}\equiv 0-\dot{q}+\frac{\partial H}{\partial p}=0\Rightarrow\dot{q}=\frac{\partial H}{\partial p}, \qquad (0.2)$$

onde $H=T+V$ é a função Hamiltoniana. As expressões (0.1) e (0.2) mostram que as equações de Euler-Lagrange são equivalentes às equações de Hamilton, representando o lado direito (no que respeita aos sinais de equivalência

≡ <<>>) das expressões (0.1) e (0.2).

A solução da equação de Euler-Lagrange é um funcional. Este facto determina a existência de uma importante propriedade da equação de Euler-Lagrange de invariância a transformações arbitrárias de coordenadas.

Os princípios de otimização desta equação implicam não só a propriedade de invariância, mas também a possibilidade de aspectos contínuos e discretos da modelação do sistema.

## 1. Optimalidade da Evolução do Universo

Nas obras dedicadas ao universo, a optimalidade da sua evolução é notada. No entanto, não são apresentados modelos matemáticos específicos, segundo os quais a evolução do Universo tem lugar (ver, por exemplo, [7]). No livro [8], em vez de optimalidade da evolução do Universo, é aplicado o termo "sabedoria cósmica". Esta monografia permite-nos chegar mais perto da evolução real do Universo do que qualquer outro trabalho. No entanto, consideramos que o modelo hidrodinâmico do Universo nele apresentado não pode descrever todos os processos (por exemplo, o Big Bang) que ocorrem na Metagaláxia.

Ao contrário destes estudos, o modelo de evolução do Universo que se segue baseia-se na utilização da investigação de G. Lemaitre [4], segundo a qual as partículas sem interação - galáxias no Universo estão em processo de aproximação (compressão do Universo) ou em processo de afastamento umas das outras (expansão do Universo). Na nossa opinião, esta abordagem reflecte de forma mais adequada o verdadeiro processo de evolução do Universo.

Como decorre desta abordagem, na expansão do Universo, ocorre a rarefação do gás constituído por partículas da galáxia e, quando o Universo é comprimido, a densidade média do gás, também constituído por partículas não interactivas - galáxias, aumenta. Os modelos de expansão e contração do Universo apresentados abaixo foram concebidos para simular tanto o processo de expansão como o processo de contração do Universo. Esta abordagem à evolução do Universo permite criar um modelo adequado do Big Bang.

Passemos agora aos modelos de expansão e compressão do Universo. Como modelo de expansão do Universo, adopta-se o modelo do efeito de "proximidade" [9]: quanto mais perto cada galáxia estiver de outras galáxias, pior será para elas, ou seja, quanto maior for a concentração de galáxias, pior será para elas. Portanto, o termo que descreve a diminuição da concentração das galáxias deve ser proporcional a $z^2$ :

$$\frac{dz_+}{dt} = \beta_+ z_+ - \mu_+ z_+^2, \ (1)$$

onde $z_+$ é a densidade da matéria numa esfera imaginária em expansão.

Outro modelo que simula a compressão do universo é:

$$\frac{dz_-}{dt} = -\beta_- z_- + \mu_- z_-^2, \ (2)$$

onde $z_-$ é a densidade da matéria numa esfera em compressão.

A equação (2) é chamada de modelo de "super-fechamento". Este modelo é que quanto mais perto cada galáxia estiver de outras galáxias, melhor será para ela, ou seja, quanto maior a concentração de galáxias, melhor. ***Os modelos (1) e (2) são equações de Riccati sem termo livre***; as soluções das equações (1) e (2) têm a forma

$$z_+ = \frac{1}{4} n_+^2 \mu_+ \int_{t_0}^{t} \mathrm{sech}^2 \left[ \frac{1}{2} \mu_+ n_+ \left( t - t_0 \right) \right] dt, \quad (3)$$

$$z_- = -\frac{1}{4} n_-^2 \mu_- \int_{t_0}^{t} \mathrm{sech}^2 \left[ \frac{1}{2} \mu_- n_- \left( t' - t_0' \right) \right] dt', \quad (4)$$

em que $n_+ = \beta_+ / \mu_+$ e $n_- = \beta_- / \mu_-$.

As soluções (3) e (4) satisfazem a correspondente equação de otimização de Euler-Lagrange, o que significa que o processo de expansão e compressão do universo tem um carácter ótimo.

## 2. Postulado da física

De acordo com o postulado da física, a matéria pode existir em dois estados: substância e campo. No universo, o processo de transição (transformação) da substância em campo e o processo de transição do campo em substância ocorrem paralelamente um ao outro. A Fig. 1 mostra esquematicamente estas transições.

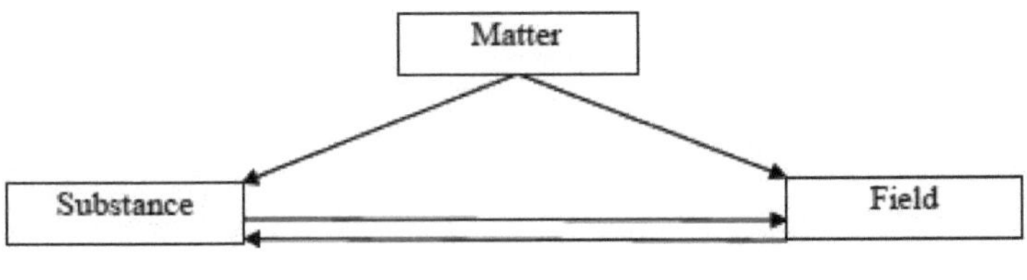


Fig. 1

À escala do universo, estas transformações ocorrem a todos os níveis da matéria. Ao nível das partículas elementares, estas transformações são descritas figurativamente por M. A. Tonnelat [10]: "No final, as experiências em que um quantum de radiação electromagnética com a energia $E_0 = h\nu_0$[2] transforma-se num par de partículas de carga oposta com uma energia comum $2m_0c^2$ , bem como as experiências em que se observa o processo inverso, a transformação da matéria em radiação permite $\left(2m_0c^2 \rightarrow h\nu_0\right)$ dar sentido à relação $\Delta E = \Delta mc^2$ no caso em que, como resultado da reação, a massa surge da radiação ou, pelo contrário, desaparece completamente e transforma-se em radiação".

---

[2] $h$ - Constante de Planck, $\nu_0$ - frequência da radiação electromagnética.

Ao nível das estrelas, a transformação da matéria num campo, ou seja, em radiação, tem lugar na explosão catastrófica de uma estrela no fim da sua vida. Este fenómeno é designado por flash de uma estrela supernova. A componente luminosa (o brilho da estrela) faz parte da radiação (campo) geral, em forte aumento, emitida durante a explosão da estrela supernova.

## 3. Simulação do comportamento competitivo do campo e da matéria no universo

*Embora a densidade da substância y seja muitas vezes superior à densidade do campo x, para uma grande massa do campo o seu comportamento competitivo torna-se real. Logo após o Big Bang, a radiação, ou seja, o campo, contribuiu muito mais para a densidade da matéria do que a substância.* Este período é designado por "era da radiação" [11]. Como é sabido, o comportamento competitivo de duas variáveis $x$ e $y$ é adequadamente modelado pelas equações de Lotka-Volterra, também conhecidas como equações predador-presa.

O relatório [12] mostra que se, para duas variáveis concorrentes $x$ e $y$, satisfazendo o sistema de equações de Lotka-Volterra predador-presa, o sistema estável

$$\begin{aligned} \frac{dx}{dt} &= ax - bxy, \quad a,b > 0, \\ \frac{dy}{dt} &= cxy - dy, \quad c,d > 0, \end{aligned} \qquad M$$

e o instável

$$\begin{aligned} \frac{dx}{dt} &= ax - bxy, \quad a,b > 0, \\ \frac{dy}{dt} &= dy - cxy, \quad c,d > 0, \end{aligned} \qquad N$$

para a denotação $z=xy$ e a condição segundo a qual a taxa de variação da densidade da matéria $z$ é constante, ou seja

$$\dot{z} / z = \pm^{3} q = const. \qquad (5)$$

a transição dos sistemas $M$ e $N$ para a equação de Riccati modificada pode ser efectuada [8]

$$\frac{dz}{dt} = -(d \mp q) z + \frac{bc}{a \mp q} z^{2}. \qquad (6)$$

Para explicar o papel dos parâmetros e na primeira equação do sistema, vamos representar a equação na forma de tempo:

$$\frac{\frac{dx}{dt}}{x} = a - by. \qquad (7)$$

Da expressão (7) resulta claramente que o parâmetro ***a*** descreve a taxa de produção da densidade de campo $x = \rho(x)$ ; o parâmetro $b$ é o coeficiente de peso para a densidade da substância $y = \rho(y)$ na equação (7).

Do mesmo modo, para identificar a atribuição dos parâmetros $c$ e $d$ na segunda equação do sistema $M$, representamos esta equação numa forma de tempo:

$$\frac{\frac{dy}{dt}}{y} = cx - d. \qquad (8)$$

A equação (8) mostra que o parâmetro $d$ caracteriza a taxa de produção (formação) da densidade da substância $y = \rho(y)$ e o parâmetro $c$ é o fator de ponderação para a densidade de campo $x = \rho(x)$ .

[3] Os sinais "-" na fórmula (6) correspondem à compressão do universo.

## 4. Solução da equação (6) para determinar o parâmetro *q*

Note-se que a equação (6) inclui a equação (1) que modela o universo em expansão e a equação (2) que modela o universo em compressão; tudo depende da escolha dos coeficientes para $z$ e $z^2$.

Vamos agora definir o parâmetro $q$. Para o efeito, a solução de (6) será procurada na classe das funções generalizadas [13]. De facto, recorramos às equações

$$\pm\frac{d\chi}{dt}=\frac{1}{\psi}, \quad (9)$$

$$\frac{d\psi}{dt}=\frac{1}{\chi}. \qquad (10)$$

Das equações (9) e (10) resulta que

$$\pm\frac{d\chi}{d\psi}=\frac{\chi}{\psi}\Rightarrow\pm\frac{\frac{d\chi}{d\psi}}{\chi}=\frac{1}{\psi}\Rightarrow\left(\ln\left|\pm\chi\right|\right)'_{\psi}=\frac{1}{\psi}. \quad (11)$$

Se na fórmula (11) substituirmos $\chi$ por $z$, e substituirmos $\psi$ pela hora atual $t$, então denotamos

$$z=z_0\ell^t, \quad (12)$$

($z_0$ é o valor da densidade da matéria no estado de equilíbrio: $a=\frac{bcz_0}{d}e$, e a letra $e$ denota o número de Napier, ou seja, $e=2{,}7182...$) tendo em conta (5) teremos

$$\frac{1}{t}=\dot{z}/z=\left(\ln\left|\pm z\right|\right)'_t=\ln\ell=\pm q. \qquad (13)$$

A expressão (13) mostra que o parâmetro $q$ pertence à classe das funções generalizadas. Dividimos ambos os lados da equação (6) por $z$ e, tendo em conta (5), obtemos a igualdade

$$\pm q = -d \pm q + \frac{bc}{a \mp q} z .$$

A partir da última equação, definimos $z$:

$$z = \frac{d(a \mp q)}{bc} . \quad (14)$$

De acordo com a relação (13), a expressão (14) e a notação (12) podem ser(for $\ell = e$ and for $t = \pm 1$) escritas da seguinte forma

$$\ln z_0 + t \ln \ell = \ln\left|\frac{d(a \mp q)}{bc}\right| \Rightarrow e^1 = \pm\left(\frac{d(a \mp q_{1,2})}{bcz_0}\right) \text{ and } e^{-1} = \pm\left(\frac{d(a \mp q'_{1,2})}{bcz_0}\right). \quad (15)$$

Da relação (15) obtêm-se as seguintes fórmulas

$$\left.\begin{aligned} e = +\frac{d(a - q_1)}{bcz_0} &\Rightarrow q_1 = a - \frac{bcz_0 e}{d}, \\ e = +\frac{d(a + q_2)}{bcz_0} &\Rightarrow q_2 = \frac{bcz_0 e}{d} - a, \end{aligned}\right\}$$

$$\left.\begin{aligned} e = -\frac{d(a - q_1)}{bcz_0} &\Rightarrow q_1 = \frac{bcz_0 e}{d} + a, \\ e = -\frac{d(a - q_2)}{bcz_0} &\Rightarrow q_2 = \frac{bcz_0 e}{d} + a. \end{aligned}\right\} \quad (16)$$

A raiz $q_1$ (16) pode ser usada na modelação do Universo em expansão para $\frac{bcz_0}{d} e < a$ , e a raiz $q_2$ na modelação de um Universo em compressão para $a < \frac{bcz_0}{d}$ e. Na equação (6), o parâmetro $q$ implica a raiz $q_1$ . Consequentemente, a densidade de matéria correspondente à raiz $q_1$ será escrita da seguinte forma.

Assim, para uma taxa constante (5) de variação da densidade da matéria $z(z = xy)$ , a fórmula (16) determina a densidade total do campo $x$ e da substância y. Função, que consiste na produção do tempo atual *t,* diferença $q_1 = a - \frac{bcz_0}{d}e$, caraterística da relação entre os coeficientes de peso do campo (*a,d*), da substância (*b, c*) e o valor da densidade total da matéria no estado de equilíbrio $z_0 = \frac{a_0 d_0}{b_0 c_0 e}$ onde os parâmetros $a_0, b_0, c_0, d_0$ correspondem ao estado de equilíbrio dos parâmetros $a, b, c, d$ , para o qual a igualdade $a - \frac{bcz_0}{d}e = 0$ se mantém. Consequentemente, no ponto $z_0$ o sinal do tempo muda.

Consequentemente, para um universo em expansão, ou seja, para a equação (1), os parâmetros $\beta_+$ e $\mu_+$ são definidos da seguinte forma

$$\begin{cases} \beta_+ = -(d+q) = -d - a + \frac{bcz_0}{d}e > 0 \Rightarrow \frac{bcz_0}{d}e > a + d, \\ \mu_+ = \frac{bc}{a-q} = \frac{bc}{a + \frac{bcz_0}{d}e - a} = \frac{d}{z_0 e} > 0. \end{cases} \tag{17}$$

Para um universo em contração, ou seja, para a equação (2), os parâmetros $\beta_-$ e $\mu_-$ são encontrados a partir das expressões

$$\begin{cases} \beta_- = q - d = a - \dfrac{bcz_0}{de} - d > 0 \Rightarrow a - d > \dfrac{bcz_0}{de}, \\ \mu_- = \dfrac{bc}{a+q} = \dfrac{bc}{a + a - \dfrac{bcz_0}{de}} = \dfrac{bcde}{2ade - bcz_0} > 0 \quad \text{for} \quad 2ade > bcz_0. \end{cases} \tag{18}$$

Enquanto houver desigualdade $ade > bcz_0 + d^2e$ , então a condição $2ade > bcz_0$ está em excesso; a sua realização ocorre automaticamente.

## 5. Determinação da densidade de corrente no universo em expansão e em contração

A solução das equações (1) e (2) tem a forma:

$$z_{+} = \frac{n_{+}}{1+e^{-\mu_{+}n_{+}(t-t_{0})}}, \text{ (1a)}$$

$$z_{-} = -\frac{n_{-}}{1+e^{\mu_{-}n_{-}(t'-t'_{0})}}. \qquad \text{(2a)}$$

Nestas fórmulas, o momento da "criação do mundo" é $t_0$ , e o momento da compressão do universo $t'_0$ é equivalente, ou seja $t_0 = t'_0 = 0$.

Dado que $\beta_{+} > \beta_{-}$, $\mu_{+} > \mu_{-}$ e, por conseguinte, $n_{+} > n_{-}$, para a região especularmente reflectida (ou seja, para metade) da pseudoesfera-bobina, em vez de resolver (2a), deve ser tomada a seguinte solução para a equação (2):

$$z_{-} = -\frac{n_{+}}{1+e^{-\mu_{+}n_{+}(t'+t'_{0})}} \qquad \text{(2'a)}$$

com a substituição da passagem de tempo $t'$ pela passagem de tempo oposta $t' = -t$ .

A fórmula (2'a) modela corretamente a alteração da densidade da matéria no universo durante a sua contração.

Substituir a solução (2a) pela solução (2'a) quando a esfera do Universo passa pelos parâmetros $\beta_{-}, \mu_{-}$ e $n_{-}$ significa a possibilidade de transição para uma pseudoesfera-bobina com parâmetros $\beta_{+}, \mu_{+}$ e $n_{+}$ sem qualquer prejuízo para esta transição.

## 6. Modelo do Big Bang no Universo

Na era da radiação, a densidade de campo é determinada pela fórmula [11]

$$x = \frac{3}{32\pi \text{œ} t^2}. \quad (19)$$

O tempo *t* é dado em segundos.

A densidade da matéria no universo é determinada pela expressão (16)

$$z = z_0 e^{\left(a - \frac{bcz_0}{d} e\right)t}, \quad (20)$$

onde os parâmetros *a, b, c, d* satisfazem os sistemas "predador - presa" *M* e *N*. Uma vez que nos primeiros instantes de tempo a desigualdade forte deve ser mantida

$$a >> \frac{bcz_0}{d} e,$$

em vez da expressão (20), obtém-se uma fórmula simplificada

$$z = z_0 e^{at}. \quad (21)$$

Nos primeiros momentos após o Big Bang, o campo contribuiu muito mais para a densidade da matéria do que a substância. Portanto, o coeficiente de peso *b* na primeira equação do sistema *M* é aproximadamente igual a zero, ou seja, $b \approx 0$. A partir daqui, a primeira equação do sistema *M* terá a forma:

$$\frac{\frac{dx}{dt}}{x} = a.$$

A solução da última equação é escrita como $\ln x = a\int_0^t dt$ .

Se na última equação tivermos em conta $x$ de acordo com (19), teremos

$$at = \ln K - \ln t^2, \quad (22)$$

em que $K = \frac{3}{32\pi c\!e}$ .

Na fórmula (21), a substituição do valor *em* encontrado em (22), dará

$$z = z_0 e^{\ln K} \cdot e^{-\ln t^2}.$$

O volume ocupado pela matéria $M^*$ no universo durante o Big Bang é

$$V = V_0 e^{\ln t^2}, \quad (23)$$

onde

$$V_0 = \frac{M^*}{z_0 e^{\ln K}} = const. \quad (24)$$

***A fórmula (23) mostra que, como resultado do Big Bang, o volume de matéria no Universo cresce exponencialmente-logaritmicamente; reflecte adequadamente a expansão exponencial-logarítmica do Universo que ocorre durante o Big Bang. Com base em considerações físicas, na fórmula (23), o tempo atual*** $\pm t$ ***deve satisfazer a condição inicial*** $\pm t_0 = 1$ .

Com o passar do tempo, a contribuição da densidade da matéria para a densidade da matéria aumenta. Em termos quantitativos, este aumento reflecte-se adequadamente num aumento do valor do coeficiente $b$ na primeira equação do sistema $M$. Além disso, o processo de expansão do

Universo abranda, porque a diferença $a - \frac{bcz_0}{d}e$ diminui. Esta evolução do cenário é efetivamente observada.

## 7. Causas e consequências do Big Bang

De acordo com os resultados do parágrafo anterior e da Fig. 1, a seguinte causa [14] do Big Bang pode ser identificada: após a passagem de uma esfera imaginária do Universo através da região mais estreita da pseudoesfera-bobina (a transição da esfera da região em que a massa do campo tem excelência múltipla sobre a massa da matéria, ou seja, a desigualdade reforçada $a \square \frac{bcz_0e}{d}$ é satisfeita), ocorre o Big Bang. A esfera é constituída por um grande conjunto de galáxias, cada uma das quais está envolta em matéria escura sob a forma de inúmeros aglomerados de electrões.

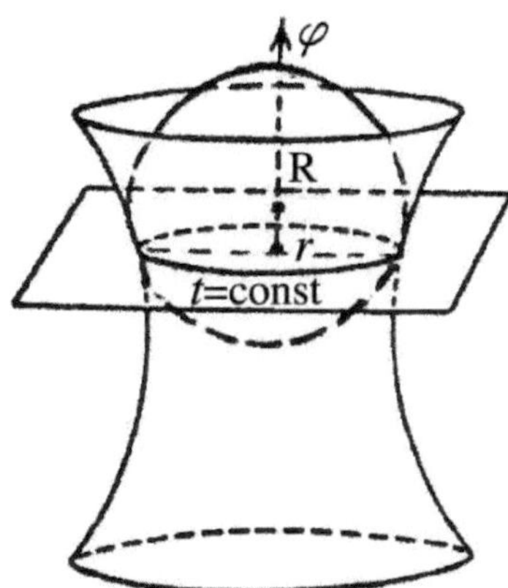


Fig. 1. Uma esfera imaginária inflacionada do Universo passando através de uma pseudoesfera-bobina.

Essa matéria transforma a galáxia numa formação contaminada negativamente; com isso, a esfera do Universo fica carregada negativamente. Após a passagem da esfera pela região mais estreita da pseudoesfera-bobina, inicia-se o processo de repulsão da esfera, devido à ação do princípio da massa efectiva. O princípio da "massa efectiva" funciona de acordo com a lei de Coulomb: cargas semelhantes provocam repulsão. Como a esfera do Universo tem uma carga negativa, e a superfície da pseudoesfera também tem uma carga negativa, ocorre um processo de repulsão.

No entanto, é de notar que não são só os electrões que criam um campo negativo, mas também as partículas positivas podem criar um campo negativo se estas partículas estiverem localizadas na pseudoesfera [15] (ver Cap. 13). Para apresentar mais material, precisamos de conhecer as características numéricas de uma região estreita da pseudoesfera - a bobina (ver Fig. 1) e o princípio da "massa efectiva". Vamos considerar estas características separadamente.

Para apresentar mais material, precisamos de conhecer as características numéricas de uma região estreita da pseudoesfera - bobina (ver Fig. 1) e o princípio da massa efectiva. Vamos considerar estas características separadamente. A região mais estreita da pseudoesfera - bobina é um círculo com uma área

$$S = \pi r^2, (25)$$

onde $r$ é o raio desta área é determinado tendo em conta a expressão (24)

$$\frac{4\pi r^3}{3} = V_0.$$

Este raio é igual a

$$r = \sqrt[3]{\frac{3V_0}{4\pi}}. \quad (26)$$

O processo de repulsão depende da massa efectiva do eletrão. A aceleração do eletrão está associada ao conceito de massa efectiva. Para determinar a aceleração de um eletrão, é necessário diferenciar a velocidade do eletrão em relação ao tempo

$$\frac{d\upsilon}{dt} = \hbar^{-1}\frac{d}{dt}\left(\frac{dE}{dk}\right) = \hbar^{-1}\frac{d^2E}{dk^2} \times \frac{dk}{dt}, \quad (27)$$

em que $E$ é a energia do eletrão; $k$ é o número de onda de Broglier; a constante de Plank $\hbar$ dividida por 2□.

Tendo em conta a lei da conservação da energia, obtemos

$$\upsilon F = \frac{dE}{dt} = \frac{dE}{dk} \times \frac{dk}{dt},$$

onde $\upsilon F$ potência de um eletrão.

Uma vez que temos

$$F = \hbar\frac{dk}{dt},$$

então a igualdade (27) pode ser escrita da seguinte forma

$$F = \frac{\hbar^2}{\frac{d^2E}{dk^2}} \times \frac{d\upsilon}{dt}. \quad (28)$$

A igualdade (28) é a lei de Newton num campo de forças $F$ para uma partícula pontual com massa

$$m^* = \frac{\hbar^2}{\frac{d^2E}{dk^2}},$$

em que $m^*$ é a massa efectiva.

Assim, o eletrão repele a carga com o mesmo nome, não só com a sua carga, mas também com a sua massa negativa, se $\frac{d^2E}{dk^2} < 0$. A massa efectiva ajuda a empurrar a esfera para fora da pseudoesfera.

É evidente que a massa efectiva de uma partícula não criará uma repulsão negativa.

Uma miríade de aglomerados de electrões [1] situados na superfície de uma pseudoesfera imaginária gigante criará (segundo a lei de Coulomb) o processo de repulsão de uma força incrível que actua sobre uma esfera imaginária do Universo em expansão, carregada negativamente, que passa por uma região estreita (25) da pseudo-esfera-bobina.

As consequências do Big Bang fazem-se sentir atualmente, apesar de terem passado 13,4 mil milhões de anos desde o Big Bang. Para a explosão, que marcou o nascimento do Universo, foi necessária uma força de incrível magnitude. A investigação [7] mostra que a taxa de expansão do Universo está muito próxima do valor limite que separa a compressão (colapso) da rápida expansão das galáxias, e a força da explosão do Universo corresponde com incrível precisão à sua interação gravitacional. A homogeneidade em grande escala do Universo é mantida à medida que o Universo se expande. Isto significa que a velocidade $\upsilon$ de expansão do Universo não é apenas a mesma em todas as direcções, mas também constante $(\upsilon = \text{const})$ em diferentes áreas. Medições cuidadosas mostram que algumas galáxias têm uma velocidade fantástica $\left(100.000\frac{\text{km}}{s}\right)$ comparável à velocidade da luz no vazio [16].

## 8. Formação dos volumes da pseudoesfera e da pseudoesfera-bobina

Para formar a pseudoesfera, é necessário recorrer ao conceito de tractriz. A tractriz é uma curva plana, cujo comprimento de uma tangente entre o ponto de tangência e uma reta fixa situada no mesmo plano tem um comprimento constante $a^*$ . Ao rodar a tractriz em torno de um eixo OY, obtém-se uma superfície de rotação denominada pseudoesfera (Fig. 2).

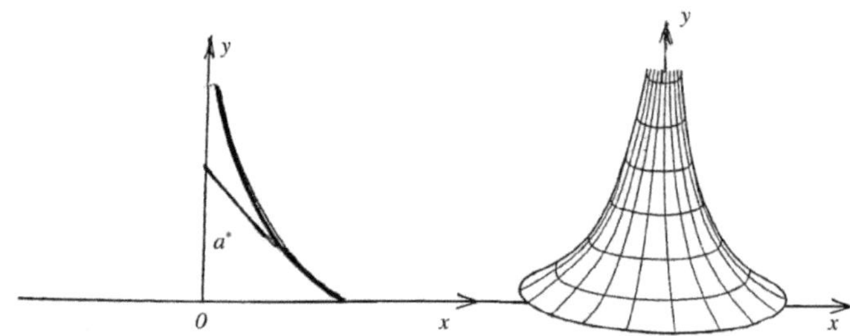


Fig. 2. A rotação da tractriz a negrito em torno do eixo $y$ permite-nos obter uma pseudoesfera (à direita).

A equação da pseudoesfera tem a forma

$$y = a^* \ln \frac{a^* + \sqrt{a^{*2} - x^2}}{x} - \sqrt{a^{*2} - x^2}.$$

Passemos à formação de uma pseudoesfera - bobina (ver Fig. 3).

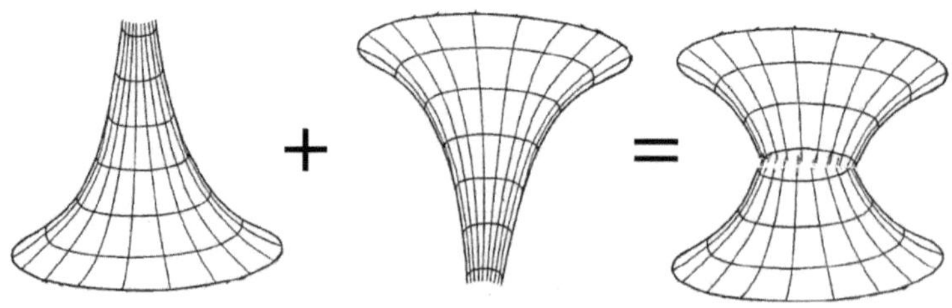

Fig. 3. Formação da pseudoesfera-bobina.

O volume da pseudoesfera é a soma de dois volumes: o volume da pseudoesfera original no seu estado original (em pé) mais o volume de outra pseudoesfera virada 180°. Para modelar uma pseudoesfera, é utilizado o conceito de linha catenária.

A forma de uma linha catenária é tomada por um fio flexível e inextensível suspenso em dois pontos extremos. A expressão que define a linha catenária tem a forma

$$y = a^{*}\mathrm{ch}\left(\frac{x}{a^{*}}\right) = \frac{a^{*}}{2}\left(e^{\frac{x}{a^{*}}} + e^{-\frac{x}{a^{*}}}\right). \qquad (29)$$

O volume obtido pela rotação da catenária (29) em torno do eixo OX, entre as secções correspondentes aos pontos O e X, é determinado do seguinte modo

$$V_{+} = \pi a^{*2}\int_{0}^{x}\mathrm{ch}^{2}\left(\frac{x}{a^{*}}\right)dx = \frac{1}{2}\pi a^{*2}\left(1 + \mathrm{ch}\left(\frac{2x}{a^{*}}\right)\right) = \frac{1}{2}\pi a^{*2}\left\{x + \frac{a^{*}}{2}\mathrm{sh}\left(\frac{2x}{a^{*}}\right)\right\}.$$

O volume de uma pseudoesfera com uma inclinação de $180^{\circ}$ é determinado da seguinte forma:

$$V_{-} = \frac{1}{2}\pi a^{*2}\left\{x + \frac{a^{*}}{2}\mathrm{sh}\left[\frac{2x}{a^{*}}\cos(180°)\right]\right\}.$$

A soma dos volumes da pseudoesfera no seu estado original e da pseudoesfera inclinada de 180° será

$$W = V_{+} + V_{-} = \pi a^{*2}x.$$

A soma (30) é o volume da pseudoesfera-bobina. A diferença entre os volumes da pseudoesfera original e da pseudoesfera-bobina é significativa. O volume de uma pseudoesfera é ilimitado, mas o da pseudoesfera-caixa de bombos é finito. Esta circunstância explica, aparentemente, a utilização de uma pseudoesfera-caixa de bobinas na simulação dos processos de rarefação e compressão da densidade da matéria no Universo, uma vez que a densidade da matéria deve ser um valor limitado.

## 9. Para criar um modelo do Big Bang, é necessário utilizar alguns dados do pêndulo matemático

Em geral, para estudar o funcionamento de um pêndulo matemático, é necessário utilizar a função elíptica de Jacobi [17]. No entanto, os dados de que necessitamos podem ser obtidos recorrendo a funções trigonométricas.

As equações de um pêndulo matemático têm a forma

$$\dot{p} = -F\sin\varphi, \quad \dot{\varphi} = Gp, \quad (31)$$

onde é a força da gravidade que actua sobre a massa *m, h* é o comprimento do pêndulo, $\varphi$ é o ângulo de desvio em relação à vertical e $p$ é o momento angular. O Hamiltoniano, como já foi referido, é a soma da energia cinética $\frac{1}{2}Gp^2$ e da energia potencial

$$U = -F\cos\phi:$$

$$H = \frac{1}{2}Gp^2 - F\cos\varphi = E. \quad (32)$$

O valor do Hamiltoniano $E$ corresponde à energia total do sistema (A.1). O movimento do pêndulo para diferentes valores da energia $E$ (Fig. 4a) é mostrado na Fig. 4b. Se $E$ é maior que o valor máximo da energia potencial, então o impulso é sempre diferente de zero. Isto leva a uma mudança ilimitada de $\varphi$ou seja, à rotação. Neste caso, $p > 0$ o movimento é da esquerda para a direita com energias $E_u$. Para $E < F$ o movimento é limitado (dentro do poço de potencial) e corresponde às oscilações do pêndulo. Se $E = F \equiv E_s$o movimento ocorre ao longo da separatriz. O movimento tem dois pontos especiais para $p = 0$Um está na origem da coordenada para $\varphi = 0$ e é um ponto singular estável ou elíptico, o outro (na junção dos dois ramos da separatriz para $\varphi = \pm\pi$) é um ponto singular instável ou hiperbólico.

**A coordenada $\varphi$ e o impulso $p$ do pêndulo matemático satisfazem as equações de Hamilton (0.1) e (0.2)**

$$\frac{d\varphi}{dt} = \frac{\partial H}{\partial p} = Gp, \quad \frac{dp}{dt} = -\frac{\partial H}{\partial \varphi} = -F\sin\varphi . \tag{33}$$

Vamos agora encontrar a equação da separatriz, usando o Hamiltoniano (32) e a condição $E = F$quando o módulo da função elíptica $k$ é igual a $k = \pm 1$. Na Fig. 4b temos as seguintes notações:

Número 3 - a separatriz do pêndulo tem o comprimento sem largura; não representa um conjunto;

Número 2 - corresponde ao movimento oscilatório do pêndulo; está delimitado pelo conjunto 2 e ele próprio pertence a esse conjunto;

Número 1 - corresponde ao movimento de oscilação do pêndulo; pertence a um conjunto que se estende do contorno 1 à separatriz 3. A separatriz 3 não pertence ao conjunto 1.

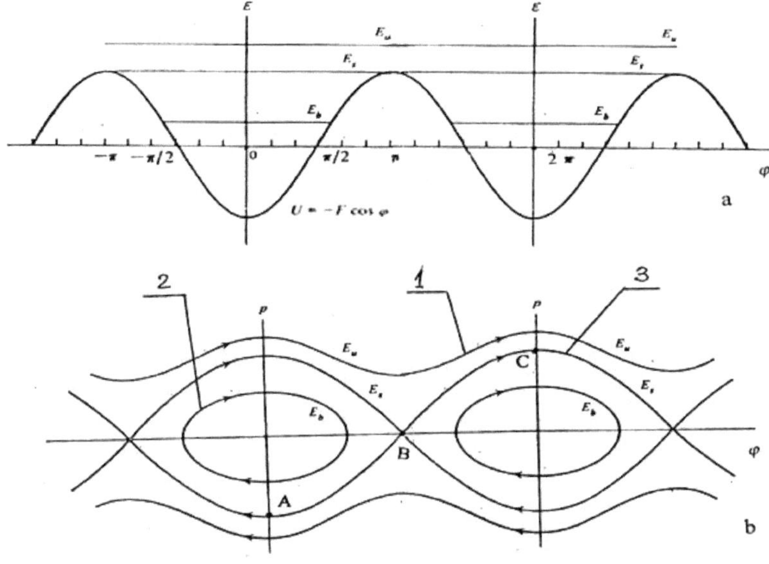


Fig. 4.

A Fig. 4 (a) mostra a variação da energia potencial **U** do pêndulo para vários valores da energia $E$ do pêndulo; a Fig. 4 (b) mostra a variação do momento $p$ do pêndulo para os valores correspondentes da energia $E$ do pêndulo.

Da condição para a existência de uma matriz de separação e da equação (32) temos

$$p_s = \frac{2^{1/2}\omega_0}{G}\left(1+\cos\varphi_s\right)^{1/2}, (34)$$

em que o índice $s$ significa que a variável pertence à matriz de separação, $\omega_0 = \left(FG\right)^{1/2}$ .

Tendo em conta a igualdade (34), obtém-se

$$p_s = \pm \frac{2\omega_0}{G} \cos\left(\frac{\varphi_s}{2}\right), \quad (35)$$

em que mais e menos correspondem aos ramos superior e inferior da separatriz.

Tendo em conta a primeira equação de Hamilton (33), da igualdade (35) obtém-se

$$\frac{d\varphi_s}{dt} \equiv p_s = \pm 2\omega_0 \cos\left(\frac{\varphi_s}{2}\right). \quad (36)$$

Dividamos a igualdade (36) por $2\omega_0$ , então teremos

$$\frac{p_s}{2\omega_0} = \pm \cos\left(\frac{\varphi_s}{2}\right). \quad (37)$$

Vamos mapear os lados direito e esquerdo da igualdade (37) na função cosseno hiperbólica $\mathrm{ch}\left(\frac{x}{a^*}\right)$ e no impulso $p_s$ , o momento dividido por $2\omega_0$

.

Produzimos um mapeamento a partir do ramo superior da matriz de separação:

$\frac{p_s}{2\omega_0}$ é mapeado para a ordenada $\frac{y}{a^*}$ ,

$\cos\left(\frac{\varphi_s}{2}\right)$ mapeia para a função $\mathrm{ch}\left(\frac{x}{a^*}\right)$ .

Produzimos o segundo mapeamento a partir do ramo inferior da separatriz; chamaremos a esta reflexão produzida a partir da separatriz espelho-imagem, portanto,

$\frac{p_s}{2\omega_0}$ é mapeado para a ordenada $\frac{y}{a^*}$ ,

$\cos\left(\frac{\varphi_s}{2}\right)$ -a imagem espelhada da separatriz é mapeada para a função -

$$\mathrm{ch}\left(\frac{x}{a^*}\right).$$

Como resultado destes "mapeamentos" obtemos duas funções

$$y=a^*\mathrm{ch}\left(\frac{x}{a^*}\right) \tag{38}$$

e

$$y=-a^*\mathrm{ch}\left(\frac{x}{a^*}\right). \tag{39}$$

**10. Determinação das rectas tangente e normal a um segmento de uma linha catenária**

Considere a curva dada pela equação

$$y=f(x), \quad (40)$$

em que $f$ é uma função contínua com uma derivada contínua em cada ponto $(x,y)$.

Temos uma tangente cujo coeficiente angular $\operatorname{tg}\alpha$ é determinado pela fórmula

$$\operatorname{tg}\alpha = y'_x = f(x).$$

Portanto, a equação da tangente será escrita da seguinte forma

$$Y - y = y'_x(X - x), \quad (41)$$

em que $X$ e $Y$ são as coordenadas actuais, e $x$ e $y$ as coordenadas do ponto de contacto.

Tendo em conta (41), podemos obter a equação da normal, ou seja, uma reta que passa pelo ponto de tangência e é perpendicular à tangente

$$X - x + y'_x(Y - y) = 0. \qquad (42)$$

Tendo em conta as tangentes e as normas, são considerados os segmentos TM e MN, bem como as suas projecções TB e BN (ver Fig. 5 a) sobre o *eixo x*; estas projecções são designadas por subtangente (*subt*) e subnormal (*subn*), respetivamente.

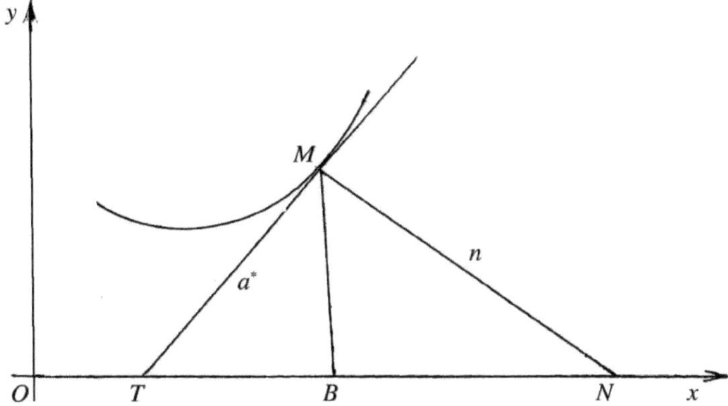


Fig. 5a. Determinação da tangente e da normal traçada a um fragmento de uma linha catenária.

Se tomarmos $Y = 0$ nas equações (41) e (42), então podemos determinar

$$\mathrm{TB} = \frac{y}{y'_x} \qquad (43)$$

e

$$\mathrm{BN} = y\,y'_x \qquad (44)$$

Neste caso, a partir dos triângulos MBT e MBN encontram-se os comprimentos dos segmentos tangentes (43) e as normas (44)

$$a^* = \mathrm{TM} = \left|\frac{y}{y'_x}\sqrt{1+\left(y'_x\right)^2}\right|, \qquad (45)$$

$$n = \mathrm{MN} = \left|y\sqrt{1+\left(y'_x\right)^2}\right|.$$

Na Fig. 5b, é necessário prestar atenção ao facto de o arco $\breve{AB}$ é igual ao arco $\breve{BD}$ e estes arcos são iguais a metade da separatriz $S_{ABC}$ (Fig. 4b) do pêndulo matemático, ou seja

$$\breve{AB} = \breve{BD} = \frac{1}{2} S_{ABC} .$$

O ponto B (Fig. 4b) e (Fig. 5b) corresponde à intersecção das separatrizes.

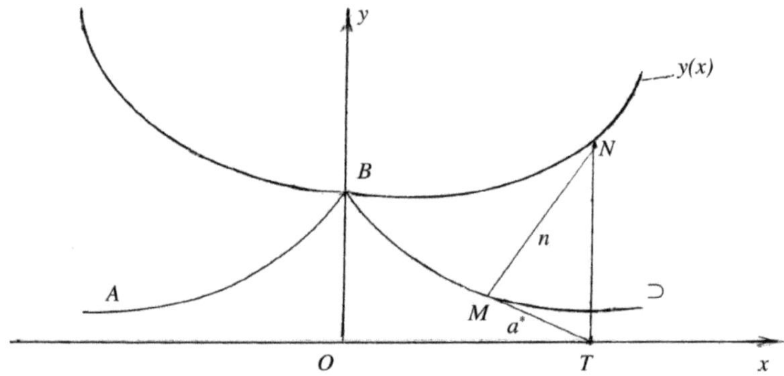


Fig. 5b. A utilização de um modelo matemático de pêndulo para determinar a localização da separatriz no problema da síntese da pseudoesfera.

## 11. Reconstrução da pseudoesfera-bobina, que causou o Big Bang do Universo

De acordo com a equação (45), o problema da síntese da pseudoesfera e da bobina será escrito da seguinte forma: a expressão é dada

$$\left| y\sqrt{1+\left(\frac{dx}{dy}\right)^2} \right| = a^*. \qquad (46)$$

É necessário determinar a equação da pseudoesfera-bobina resolvendo a igualdade (46).

A igualdade (46) pode ser escrita da seguinte forma

$$dx = \pm\frac{\sqrt{a^{*2} - y^2}}{y}dy.$$

Integrando a última expressão, teremos

$$x + C = \pm\left[ a^*\ln\frac{a\sqrt{a^{*2} - y^2}}{y} - \sqrt{a^{*2} - y^2} \right]. \qquad (47)$$

Na igualdade (47) tomamos o valor inicial $C$ igual a zero. Então, o sinal de mais na frente da igualdade (47) determinará a pseudoesfera inicial

$$x = +\left[ a^*\ln\frac{a\sqrt{a^{*2} - y^2}}{y} - \sqrt{a^{*2} - y^2} \right], \qquad (48)$$

E a pseudoesfera espelhada tem um sinal de menos:

$$x = -\left[ a^*\ln\frac{a\sqrt{a^{*2} - y^2}}{y} - \sqrt{a^{*2} - y^2} \right]. \qquad (49)$$

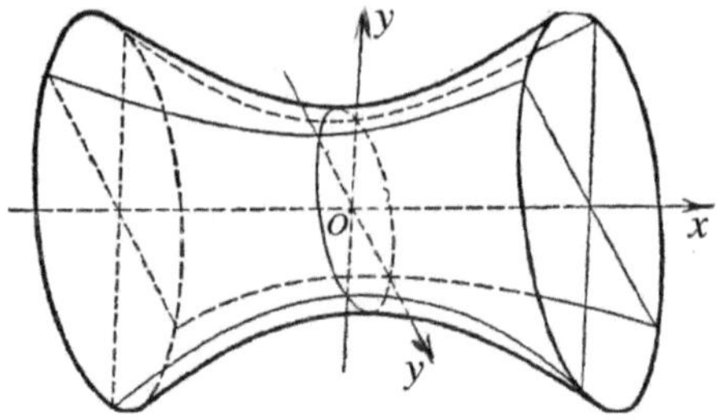


Fig.6. Pseudoesfera-bobina.

A partir da Fig. 6, é evidente que o conceito de "reflexão em espelho" é equivalente ao conceito de "mapeamento para" produzido em relação à secção $S=2\pi r$ . É necessário ter em mente que o volume $V_-$ da "reflexão em espelho" da pseudoesfera é determinado da seguinte forma

$$V_-=\pi a^{*2}\int_{-x}^{0}\left[-\text{ch}\left(\frac{x}{a^*}\right)\right]^2 dx=\frac{1}{2}\pi a^{*2}\left\{x-\frac{a^*}{2}\text{sh}\left(\frac{2x}{a}\right)\right\}.$$

Assim, o volume da pseudoesfera-caixa de bobinas é novamente igual a

$$W=V_+ + V_- = \pi a^{*2} x .$$

Consequentemente, se tomarmos a linha catenária (29) como uma evoluta, então, utilizando conjuntamente as expressões (48) e (49), podemos determinar a pseudoesfera-bobina de acordo com a Fig.6. A representação volumétrica da pseudoesfera da bobina é mostrada na Fig. 6.

## 12. Solução do problema matemático do pêndulo utilizando a função elíptica de Jacobi

Ao usar a função elíptica de Jacobi [17], é apropriado escrever a equação para a energia de um pêndulo matemático da seguinte forma:

$$h^2\theta = 2hg\cos\theta - 4h\sin^2\frac{\theta}{2}, \quad (50)$$

em que $\theta$ é o ângulo entre o vetor do raio (que emerge do centro da circunferência) de um ponto material em movimento dirigido para baixo, $h$ é o comprimento do pêndulo, $mg$ a força gravitacional aplicada à massa $m$; por massa entende-se um ponto material com uma massa igual a 1.

Denotemos por $v$ o valor da quantidade $\frac{h^2\theta^2}{2g}$ no ponto mais baixo da circunferência ao longo da qual gira o ponto material. Quando esta condição e a notação $\frac{1}{2}\theta = p$ são satisfeitas, a equação do momento para o pêndulo matemático toma a forma

$$\dot{p}^2 = \frac{g}{h}\left(1 - p^2\right)\left(\frac{v}{2h} - p^2\right). \quad (51)$$

Existem três tipos de movimento pendular. Vamos considerar estes casos separadamente.

1. O ponto material tem uma velocidade tão elevada que pode descrever simultaneamente círculos em duas direcções opostas, o que não é realista. Neste caso, o valor inverso da energia inicial do pêndulo $k$ é determinado a partir da condição $|k|^{-1} > \pm 1$, em que $k = \pm\frac{1}{2}\left(1 + \frac{E}{F}\right)$. Neste caso, $v > 2h$.

Portanto, fixando $2h > \nu$ , teremos $|k| < \pm 1$ . A equação diferencial (51) pode ser escrita da seguinte forma:

$$\dot{p}^2 = \frac{g}{hk^2}\left(1 - p^2\right)\left(1 - k^2 p^2\right). \qquad (52)$$

A solução da equação (52)

$$p = \pm \mathrm{sn}\left(\sqrt{\frac{g}{h}}\frac{t - t_0}{\pm k}, \pm k\right) \quad \text{(ver Fig. 4b, \#1);}$$

tem a forma de constantes de integração $t_0$ e $k$ são determinadas a partir das condições iniciais.

Como já foi referido, a rotação simultânea de um pêndulo em duas direcções opostas não é realista. Por conseguinte, um pêndulo deste tipo é fisicamente irrealizável.

2. Suponhamos que $\nu = 2h$ ; isto significa que o ponto móvel está a atingir o ponto mais alto da circunferência.

A equação diferencial (51) assume a forma

$$p^2 = \frac{g}{h}\left(1 - p^2\right)^2.$$

A sua solução é

$$p = \pm \mathrm{th}\left[\sqrt{\frac{g}{h}}\left(t - t_0\right)\right]. \qquad (53)$$

A solução (53) corresponde ao movimento ao longo da separatriz do pêndulo (ver Fig. 4b, #3). *Este pêndulo é praticamente realizável, uma vez que a rotação do pêndulo em direcções opostas não ocorre simultaneamente, mas em intervalos de tempo diferentes* [18].

3. Durante o movimento oscilatório, o ponto material pára sem atingir o ponto mais alto da circunferência; por conseguinte, $\dot{p}$ desaparece num determinado valor $p<1$ . Portanto, $\frac{v}{2h}<1$ . Tomando $v=2hk^2$ de (51), teremos

$$\dot{p}^2=\frac{gk^2}{h}\left(1-k^2\frac{p^2}{k^2}\right)\left(1-\frac{p^2}{k^2}\right). \qquad (54)$$

A resolução da equação (54) tem a forma

$$p=\pm k\,\mathrm{sn}\left[\sqrt{\frac{g}{h}}\left(t-t_0\right),k\right], (55)$$

em que $t_0$ significa tempo inicial.

Assim, a expressão (55) dá a solução do problema do pêndulo matemático (54). Das propriedades bem conhecidas da função elíptica sn conclui-se que o movimento é periódico. Período de oscilação $T^*$ ou seja, o intervalo de tempo entre duas passagens sucessivas (no mesmo sentido) de um pêndulo pelo mesmo ponto é igual a

$$T^*=4\sqrt{\frac{h}{g}}R, (56)$$

em que $R=\int_0^1\frac{dt}{\sqrt{\left(1-t^2\right)\left(1-k^2t^2\right)}}$ .

Assim, durante o movimento oscilatório do pêndulo, o ponto material oscila em torno do ponto mais baixo da circunferência, de acordo com a expressão (54). Na Figura 4b, o movimento oscilatório corresponde à trajetória número 2.

Os casos número 2 e número 3 (Fig. 4b) correspondem a um movimento do pêndulo matemático que é fisicamente realizável. Consequentemente, dos três tipos de movimento do pêndulo matemático, apenas o primeiro tipo, o número 1, não corresponde a um pêndulo fisicamente realizável.

* * *

**O mistério da função elíptica de Jacobi**

A função elíptica de Jacobi sn é determinada sob a forma de uma série convergente [19]

$$\operatorname{sn}(x,k) = x - \left(1+k^2\right)\frac{x^3}{3!} + \left(1+14k^2+k^4\right)\frac{x^5}{5!} - \\ -\left(1+135k^2+135k^4+k^6\right)\frac{x^7}{7!} + \cdots, \tag{57}$$

em que $0 < k \le 1$ .

Da fórmula (57) resulta claramente que a função elíptica de Jacobi sn é uma função ímpar. Três fórmulas de limite $\operatorname{sn}(t,0) = \sin(t)$ e também (58) decorrem da propriedade de imparidade.

$$\operatorname{sn}(t,\pm 1) = th(t). \tag{58}$$

No entanto, a função Jacobi também permite a existência de intervalos de tempo negativos. No semiplano direito (Figs. 4a e 4b), os intervalos de tempo negativos serão

$$t_1 = \frac{\pi}{2} - \pi = -\frac{\pi}{2}, \text{ (59)}$$

$$t_2 = 0 - \frac{\pi}{2} = -\frac{\pi}{2}. \qquad (60)$$

A combinação das expressões (59) e (60) permite-nos determinar o intervalo de tempo total negativo no semiplano direito

$$t' = t_1 \cup t_2 = -\pi. \qquad (61)$$

No semiplano esquerdo (Figs. 4a e 4b), o intervalo de tempo negativo total será

$$t'' = -\pi. \qquad (62)$$

Finalmente, a combinação das expressões (61) e (62) permite-nos determinar o intervalo de tempo negativo para o ramo inferior da separatriz

$$t = t' \cup t'' = -2\pi. \qquad (63)$$

A partir das Figs. 4a e 4b é claro que o ramo inferior da separatriz se move em tempo inverso. Tendo em conta a estranheza da função elíptica em m e a expressão (63), temos também de ter em conta a terceira forma limite da função elíptica, que corresponde ao movimento em tempo inverso, ou seja

$$\operatorname{sn}(-t, \pm 1) = -th(t). \qquad (64)$$

Assim, o segredo da função elíptica de Jacobi reside no facto de esta função permitir a solução do problema colocado tanto em tempo positivo (56) como em tempo negativo (63). O facto de uma função elíptica admitir uma solução em tempo inverso pode ser escrito da seguinte forma:

$$t = -t'. \qquad (65)$$

A inversão do tempo (65) ocorre no ponto mais baixo, no qual o crescimento da densidade da matéria no Universo muda para o valor oposto, esta mudança no crescimento da densidade da matéria no Universo para o valor oposto, esta mudança no crescimento da densidade da matéria ocorre no ponto em que a condição é satisfeita

$$a - \frac{bcez_0}{d} = 0. \qquad (66)$$

Depois de satisfeita a condição (66), a densidade da substância começa a aumentar. Quando a condição (66) é satisfeita, a densidade da matéria atinge o seu estado mais baixo

$$z = z_0 e^0 = z_0,$$

em que a densidade da matéria $z_0$ é determinada a partir da condição (66).

Consequentemente, o movimento na separatriz em tempo inverso ocorre da direita para a esquerda, e o movimento nas mudanças de tempo para a frente ocorre da esquerda para a direita.

No parágrafo 7 diz-se que a "velocidade $\boldsymbol{\upsilon}$ de expansão do Universo não é apenas a mesma em todas as direcções, mas também constante $(\boldsymbol{\upsilon} = \text{const})$ em diferentes áreas". Mas como a massa do gás constituído pelas partículas da galáxia permanece inalterada, o fluxo total de gás através de qualquer superfície é necessariamente zero, pelo que temos

$$\text{div}(z\boldsymbol{\upsilon}) = 0. \qquad (67)$$

Em forma expandida, a equação (67) será escrita da seguinte forma:

$$\operatorname{div}(z\boldsymbol{\upsilon}) = \frac{\partial}{\partial x}(z\upsilon_x) + \frac{\partial}{\partial y}(z\upsilon_y) + \frac{\partial}{\partial z^*}(z\upsilon_{z^*}) = z\operatorname{div}\boldsymbol{\upsilon} + \boldsymbol{\upsilon} \times \operatorname{grad} z = 0.$$

Da última equação obtemos

$$\operatorname{div}\boldsymbol{\upsilon} = -\frac{1}{z}\boldsymbol{\upsilon} \times \operatorname{grad} z. \qquad (68)$$

A equação (68) é designada por equação da indissolubilidade. No nosso caso, a taxa de variação da densidade da matéria é constante, i.e, $\frac{\dot{z}}{z} =$ constportanto: $\operatorname{div}\boldsymbol{\upsilon} = -\boldsymbol{\upsilon}\text{const}$ ; se $a - \frac{bcz_0e}{d} = 0,$ , então temos $\operatorname{div}\boldsymbol{\upsilon} = 0$ .

É uma pena que o facto de a humanidade viver num Universo em expansão ou em contração dependa de um fator subjetivo: a precisão da medição da constante de Hubble[4] .

[4] Hubble estabeleceu uma lei segundo a qual o desvio para o vermelho relativo das galáxias aumenta proporcionalmente à distância *r* que se lhes encontra

## Conclusão

No tempo de A.A. Friedman, não se conhecia a composição da matéria negra e a sua localização nas regiões do Universo. A recessão das galáxias não era modelada colocando-as na superfície de uma esfera imaginária em expansão do Universo. Não se sabia que as galáxias estão envoltas em nuvens e nebulosas constituídas por uma miríade de aglomerados de electrões. A ideia de que partículas como as galáxias pudessem ser vistas como formações carregadas negativamente estava para além da imaginação da altura. Isto pode esclarecer a razão pela qual Friedman representou o estado do Universo apenas como uma pseudoesfera gigante imaginária ou bobina (ver Fig.7) [21].

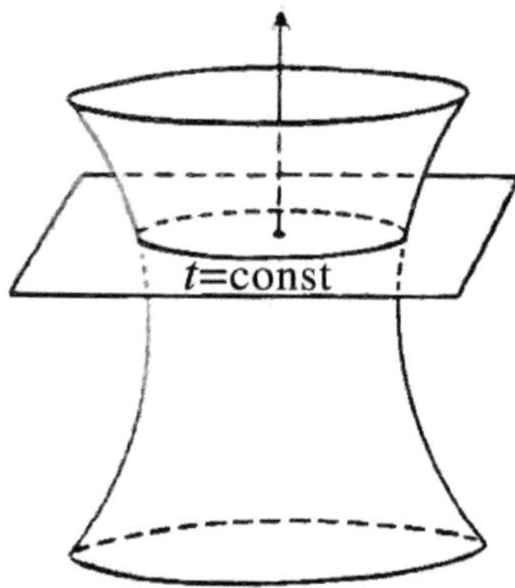


Fig. 7. A ideia de A.F. Friedmann sobre a pseudoesfera-bobina gigante do Universo.

Nos anos seguintes, tornou-se conhecido que a matéria escura, composta por uma miríade de aglomerados de electrões, envolve as galáxias, tornando-as assim formações carregadas negativamente. Esta é a razão pela qual a esfera imaginária em expansão do Universo, composta por um conjunto de galáxias, é também uma formação carregada negativamente. Consequentemente, a modelação de uma esfera imaginária e de uma pseudoesfera - bobina com uma esfera do Universo a passar por ela foi uma representação adequada.

A pesquisa do autor apresentada nesta monografia é uma continuação de [14], na qual a Fig. 1 foi ilustrada. Este trabalho levou o autor à possibilidade da existência do Big Bang. Para entender o Big Bang, tornou-se necessário introduzir o conceito de uma pseudoesfera-bobina gigante e imaginar o processo de repulsão da esfera do Universo após passar pela pseudoesfera-bobina.

Em termos gerais, o principal resultado deste trabalho é a continuação da investigação de Friedman sobre questões cosmológicas que conduzem à sua conclusão lógica.

# REFERÊNCIA S


1. Mdzinarishvili, V. V. (2022) Um Modelo para a Formação da Matéria Negra no Universo. Jornal da Biblioteca de Acesso Operacional. Volume 9, e9142.
2. Pozniak, E. G. e Shikin, E. V. (1990) Differential Geometry. Universidade de Moscovo.
3. Lem, G. Junior (1980) Elements of Soliton Theory. Nova Iorque, Wiley.
4. Feigenbaum, M. J. (1978) Journal Statistical Phisics, Volume 19.
5. Holodniok, M., Klie, A., Kubiceck, M., Marek, M. (1986). Metody analyzy nelinearnich dynamickych modelu. Academia.
6. Mdzinarishvili, V. V. (2007) A fundamentação rigorosa do resultado de Feigenbaum. Actas da conferência internacional seientifie << Information technologies in Control >> volume II. Tbilisi, 10.10-12.10.
7. Devies, P. (1985) Superforce: The search for a Grand Unified Theory of Nature. Simon & Schuster, Nova Iorque.
8. Lanczos, C. (1962) Albert Einstein and the cosmic world order. John Wiley & Sons, Nova Iorque, Londres, Sydney.
9. Romanovsky, Y. M., Stepanova, N.V., Chernovsky, D. C. (1975) Mathematical Modeling in Biophysics, Moscovo, Nauka.
10. Tonnelat, M. A. (1959) Les Principes de la theorie electromagnetique et de la relativie, Masson, Paris, Vi.
11. Silk, J. (1982) Big Bang. Criation and Evolution of the Universe, Moscovo, Mir.
12. Mdzinarishvili, V. V. e Samkharadze, Z., P. (2012) Sobre a existência conjunta de populações antagónicas. Quinta conferência internacional <<Educação e Inovação>>.
13. Mdzinarishvili, V. V. (2023) Optimalidade da Evolução do Universo, o Modelo do Big Bang. Revista da Biblioteca de Acesso Aberto, Volume 10.
14. Mdzinarishvili, V. V. (2014) Modelo de universo expandido e comprimido com eurvatura negativa constante. Tbilisi, Intelekti, #1 (54).
15. Mdzinarishvili, V. V. (2023) New Models of Physical Microcosm and Their Optimality. Editora Académica "Lambert".
16. Zeldovich, Y. B. (1966) A Teoria do Universo expandido produzida por A. A. Fridmans. No livro "Selected working". Moscovo, Nauka.
17. Whittaker, E. T. (1937) Analitie Dynamics. Moscovo-Leningrado, Gostekhizdat.
18. Mdzinarishvili, V. V. (2023) New Approach to the Creation of General Theory of Relativity [Nova Abordagem para a Criação da Teoria Geral da Relatividade]. Revista da Biblioteca de Acesso Aberto, DOI:10.4236/***.2023***** ******, 2023
19. Tricomi, F. G. (1961) Differential Equations. Blackie & Sonlimited.
20. Gerlovin, I. L. e Krat, V. A. (1975) On the Nature of Gravitation and Some Problems of Cosmology. Em Ogorodnikov K. F. editor, Dynamics and Evolution of star Systems USSR Acad. Sei., Leninegrado-Moscovo, P. 129.

21. Rosenfeld, B. A. e Yaglom, I. M. (1966) Sobre uma geometria do mundo real. No livro <<Enciclopédia de matemática elementar>>. Nauka, Moscovo.

Printed by Books on Demand GmbH, Norderstedt / Germany